看见生命多样性，感受生物进化的力量

动物的羽毛

［捷克］玛丽·科塔索娃·亚当科娃 / 著

［斯洛伐克］马捷·伊尔奇克 / 绘

叶少红 / 译

海豚出版社
DOLPHIN BOOKS
中国国际传播集团

前言

松散的羽支 →

羽片上的羽支
↓

← 中空的羽茎

鸟类的身体上都覆盖着羽毛，这对它们来说非常重要。羽毛不仅可以帮助它们抵御寒冷，还赋予了它们一种令人类羡慕不已的能力——飞行。就像鸟类本身一样，羽毛也为了适应不同的环境而变得多种多样。比如，河乌喜欢潜水，它的羽毛便附有油脂，不会吸收水分；企鹅的羽毛也很神奇，即使处在冰天雪地之中，它的羽毛也不会被冻结；油鸱（chī）能够在漆黑的洞穴里轻松找到方向，这要归功于它具有触觉功能的长长的羽毛。还有些鸟类的羽毛已经适应了自身捕食的需求：猫头鹰的羽毛很柔软，使它得以安静地飞行；而秃鹳（guàn）的脖子上没有羽毛，这就免去了吃腐肉时弄脏"衣领"的麻烦。

你知道羽毛有多么重要了吧？这正是鸟类珍爱它们羽毛的原因！椋（liáng）鸟用喙叼着蚂蚁来摩擦羽毛；雄性孔雀用色彩鲜艳的"裙摆"或者尾屏上的眼状斑来吸引雌性；戴胜炫耀着它的羽冠；极乐鸟则用羽毛表演着令人叹为观止的舞蹈。在大多数鸟类中，雄性往往装扮得鲜艳漂亮，而雌性则相对低调，很不起眼。不过，折衷鹦鹉却恰恰相反，雌性长着一身鲜艳的羽毛，那猩红的色彩是一种警告，警示其他雌性不要靠近它的巢穴。我们还会用鹅毛来制作羽绒被或羽绒服。简而言之，鸟类王国和它们的羽毛是那样色彩缤纷，充满着无尽的趣味！

图示

此图标说明鸟的大小

此图标说明鸟的翼展宽度

此图标说明鸟的体重

此图标表示相关的趣味小知识

目录

欧绒鸭 ································ 4

小天鹅 ································ 6

河乌 ································ 8

非洲企鹅 ································ 10

褐几维鸟 ································ 12

帝啄木鸟 ································ 14

油鸱 ································ 16

仓鸮 ································ 18

非洲秃鹳 ································ 20

黑头林䳍鹩 ································ 22

火烈鸟 ································ 24

绿冠蕉鹃 ································ 26

胡兀鹫 ································ 28

紫刀翅蜂鸟 ································ 30

扇尾沙锥 ································ 32

家燕 ································ 34

大麻鸦 ································ 36

紫翅椋鸟 ································ 38

牛背鹭 ································ 40

蓝孔雀 ································ 42

凤尾绿咬鹃 ································ 44

大眼斑雉 ································ 46

戴胜 ································ 48

红羽极乐鸟 ································ 50

燕雀 ································ 52

蓝喉歌鸲 ································ 54

折衷鹦鹉 ································ 56

眼镜鸮 ································ 58

朱雀 ································ 60

灰雁 ································ 62

欧绒鸭
Somateria mollissima

在 地球北部的海岸，你可能会遇到一只很大的黑白相间的鸭子。虽然它的伴侣看起来一点儿也不像它，但它们十分恩爱！这位伴侣的羽毛呈现出好几种深浅不同的棕色，看起来非常不起眼。没错，这对夫妇中，更鲜艳多姿的是雄性，而雌性则与周围的环境融为一体。这些被称为欧绒鸭的北极潜水者喜欢吃甲壳类和软体动物，它们正准备潜入 25 米深的海里去寻找美食呢！

🐦	50 ~ 71厘米
🦅	80 ~ 110厘米
⚖️	1.19 ~ 2.9千克
🖋️	它的羽毛是极好的绝缘体

穿着"结婚礼服" →
的公鸭

← 深褐色
的母鸭

北极动物

尽管北极的气候对所有的生物都严酷至极，可仍有一些物种能很好地适应这里的环境。

雪雁

北极熊

4

身披羽绒被

北方很冷，足以冻住大多数鸟类的翅膀！不过，仁慈的大自然母亲给了欧绒鸭一身毛茸茸的羽毛，使它们即使在极低的气温条件下，也能够借此保暖。大量长长的羽支构成了厚厚的羽片，这些羽支由肉眼看不到的一些很小的倒钩连接在一起，这使羽毛变得蓬松又可爱。而羽支之间的空隙又能锁住空气，比任何羽绒被都更保暖！

海藻和小卵石
之间的巢
↓

羽毛衬里
↓

悬崖上的家

凭借着一身出色的羽毛，欧绒鸭可以在严酷的北极环境中生存，并且能够在冰冷的水中潜水。但是它的蛋和雏鸭该怎么办呢？哦，别担心，它们也会得到很好的照料。欧绒鸭把巢建在悬崖上，准妈妈还从自己身上拔下羽毛垫衬在巢中，这样就可以保护脆弱的蛋及孵化后的黑色小雏鸭，使它们免受强劲北极风的伤害。

分布

欧绒鸭分布于欧洲、北美北部沿海及相关岛屿。

羽绒被

并不是只有鸭子会利用羽绒极好的保暖特性。人类在发现了绒鸭的羽毛轻盈又温暖之后，很快就开始用它们填充睡袋、枕头和被褥。由于绒鸭的羽毛只能从它们的巢穴里获得，所以鸭绒被是非常昂贵的。

带有小钩 →
的羽绒

海象

驯鹿

北极露脊鲸

小天鹅
Cygnus columbianus

作为著名的疣（yóu）鼻天鹅的近亲，这种强悍的鸟生活在北极冻原的池塘和湖泊附近。与疣鼻天鹅不同的是，它的脖颈更直也更短小一些，或许这种短小的脖颈可以更好地抵御严寒家园的冷风吧。更引人注意的是，它的喙整体是黑色的，眼睛边缘还有一块漂亮的黄斑。这位野性的北方美人被人们称为小天鹅。

← 防水羽毛

115 ~ 150厘米

1.65 ~ 2.16米

3.8 ~ 10.5千克

它是拥有最多羽绒的鸟类

分布

小天鹅主要生活在北冰洋附近的冻原上，在欧洲、中亚、中国及日本越冬。

求偶行为

小天鹅是最忠诚的鸟类之一。它们在寻求终身伴侣时非常谨慎，伴侣的年龄和体型必须与自己相同才行。在组建家庭之前，未来的伴侣必须相互了解一些事情。它们一起跳舞，摇摆身体，张开翅膀，还优雅地相互鞠躬——就好像在舞池里一样！终于到筑巢的时间了，它们会用苔藓、草和树叶搭建新家。

一个大家庭

小天鹅夫妻通常会轮流孵育它们的蛋宝宝。当它们互换时，即将离开巢穴的家长会仔细检查蛋的情况，而另一位则立刻卧在上面。一个月后，一只小小的天鹅便破壳而出了，并且可以直接进入水中。起初，小天鹅宝宝会跟随妈妈游过水面，因为它还没有学会飞行。小天鹅宝宝会与父母一同生活两年，并在 3~5 岁时开始寻找伴侣。有时，它们还会带着伴侣去看望它们原本的家庭。

短小而直的颈
↓

← 冬天，它们飞向河口和湿地

保暖的羽毛

我们经常看到小天鹅把头伸到水下，把水生植物当作零食来吃。每当它发现特别喜欢的一层海藻时，就会一头扎下去，只有腿和短尾羽还露在水面上。凭借一身可以防水的油性羽毛，它想在水里待多久就能待多久。更重要的是，它的羽毛还会为它保暖。所有鸟类中，它拥有的绒毛量最大。仅在一只小天鹅身上，科学家就数出了 25,000 多片羽绒，想象一下，这该有多么暖和啊！

谁的皮毛最好？

在严酷的条件下，有一身好皮毛是非常重要的，不仅鸟类如此，对许多哺乳动物来说也是如此。

长尾栗鼠

狼獾（huān）

雪豹

麝（shè）牛

河乌
Cinclus cinclus

17～20厘米

约28厘米

46～76克

它拥有一层非常厚的防水羽毛

隐形"护目镜"

在水下时，瞬膜作为第三层眼睑，可以保护河乌的眼睛。

↑
白色的喉和胸脯

↑
尾短而略微举起

在湍急的溪流以及河岸上，一只胖乎乎、棕褐色的鸟正饥肠辘辘地潜伏着，它的"白色围嘴"格外引人注目。它在水面上低空盘旋，紧接着停在一块高高的巨石上，先是低头在水面上搜寻，然后在浅滩挖掘，最后在一条汩汩（gǔ）作响的溪流中埋下头……咦？它现在去哪里了？水面上柔和的波浪告诉我们，这只河乌就在水下。它看起来就像一只普通的鸟，但实际上，这只叽叽喳喳的小鸟不仅能在水面浮游，还能在水底潜走！它为什么要做这些呢？原来，它正在寻找食物——它只喜欢吃水生昆虫的幼虫和小鱼！

熟能生巧

想在河床上捕捉到好吃的猎物是需要不断练习的。河乌幼雏在浅水区的石头上练习，它们在那里能捕捉到毛翅蝇的幼虫，这种猎物很容易到手。幸运的是，父母会永远保护它们，在它们出巢10~15天后仍然会精心喂养。随着一天天长大，小河乌再也不怕浅水河了，于是它们开始在浅水河中捕食黑蝇幼虫。不过，要想像父母一样熟练地捕食，还需要继续练习……为了掌握这种技巧，它们会潜入更深的水域去捕捉更大的猎物，比如蜉蝣、石蝇、黑蝇的幼虫，还有大头鱼。多么美好的前景！

强壮的翅膀

在水下捕捉猎物

银色羽毛

是什么使河乌成为如此出色的潜水者？它有蹼吗？当然没有！不过，它有一双强壮的翅膀，只要将翅膀伸展开，就足以保证自己不会被湍流冲走。此外，它的瞬膜相当于第三层眼睑，可以起到保护眼睛的作用，并且河乌还能闭合鼻孔呢。大自然不仅赋予河乌卓越的水下捕食能力，还给了它一身非常浓密且附有油脂的羽毛。这身羽毛把它们包裹在空气泡沫里，从而防止水的渗透，也因此给羽毛镀上了一层银白色的光泽。

淡水捕食者

在淡水中寻找食物的其他鸟类，包括翠鸟、蛇鹈（tí）、鸬鹚（lú cí）和各种潜水鸭。

林地翡翠

角鸊鷉（pì tī）

蛇鹈

凯岛鸬鹚

非洲企鹅
Spheniscus demersus

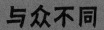

与众不同

非洲企鹅是唯一生活在热带地区的企鹅。

你以为企鹅只会出现在南半球的冰雪之地吗？当然不是！在南极企鹅抵御寒冷的时候，非洲企鹅却不得不面对南非的高温。在这样的高温条件下生活实属不易！不过幸运的是，它头上有一块光秃秃的粉色皮肤可以帮忙散热。这块皮肤下面藏着血管，血液流经这里时，被周围的空气冷却，然后流向全身。每只非洲企鹅都有这样的一个"内置小冰箱"。要是没有它，这些企鹅将无法在非洲生存。

🐦	60～70厘米
🕊	翅膀退化
⚖	2.1～3.7千克
🖋	羽毛不会冻结

← 极小的、细细的羽毛

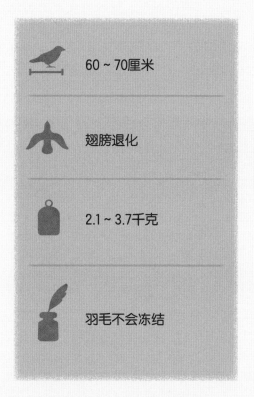

父母轮流孵化 →
它们的蛋

← 巢穴位于
沙坑中

分布

非洲企鹅生活在南非海岸。

小心提防太阳

　　非洲企鹅妈妈在铺有小树枝的巢中产下 2 颗蛋。当它在寒带的远亲需要防止蛋被严寒侵袭时，非洲的企鹅妈妈则要避免它的蛋受到高温的炙烤。在非洲，阴凉地少得可怜，因此父母只好为蛋宝宝创造阴凉，不让它们受到阳光照射。妈妈和爸爸会轮流照看蛋 40 天左右，即使在雏鸟孵化后，它们的工作也没有结束。在雏鸟孵化后的第一个月里，它们会将消化后的食物直接喷射到雏鸟的喙中。然后雏鸟会去"托儿所"，与其他朋友待在一起，直到羽翼丰满为止。

头上无毛的皮肤　→
（眼睛周围）

仿佛戴着白色的　→
眼镜框

结实耐用的羽毛

　　大多数企鹅以水中的猎物为食，但是如何才能不让潮湿的羽毛冻结呢？科学家发现企鹅的羽毛绝对是独一无二的。它们的羽支上有一些凹槽和倒置的小钩，可以相互连接，而且羽片非常小。此外，它们的羽毛还可以防水，形成完美的耐冻表层！非洲企鹅虽然用不到这一特性，但依然像它所有的亲戚一样，装备了结实耐用的羽毛。

小心它们

非洲企鹅在南非需要提防许多敌人。

棕毛海豹

黑背鸥

麝猫

笔尾獴（měng）

11

褐几维鸟
Apteryx australis

🐦	50～65厘米
🕊	翅膀不发达
🏋	1.44～6.85千克
🪶	羽毛上没有羽小支和小钩

奇异而神秘的几维鸟生活在新西兰的岛屿上。乍一看，这种害羞的独来独往的鸟，就像两条粗腿上长了一团毛绒小球，只是上面有一个长长的喙。但它还有其他特点，比如，其他鸟类的羽毛由单个的羽支和带钩状的羽小支构成，而几维鸟的羽毛只有松散的羽支，这让人联想到哺乳动物的皮毛。

隐藏在下层灌
木中的几维鸟
↓

几——维！

几维鸟的眼睛很小，因此它活动时需要依赖其他感官——尤其是嗅觉和触觉。它的喙长且略弯曲，触觉感官就位于喙根部的触须中，鼻孔则在喙的尖端。几维鸟一旦迎风闻到土壤中有猎物的气味，就会将喙刺入土壤，刺穿猎物，将其钉在地上，然后开始一场盛宴！通过地上布满的小孔，你可以轻易识别出几维鸟的"狩猎区"。它们看起来并不起眼，但叫声却很有特点，雄性几维鸟的叫声像一种哀鸣，听起来正如它的名字："几——维！"

分布

几维鸟生活在新西兰南岛。

杰出的奔跑者

当你看到几维鸟时，你会想，它的翅膀在哪里呢？因为几维鸟在活动时不需要翅膀，它们便退化了，最后只剩下一对5厘米长的翅膀，可以说是相当短小了。几维鸟不会飞翔，却十分擅长奔跑，遇到危险时更依赖它强壮的双腿。如果无法逃脱，它会用脚去踢敌人，所以你得提防这个危险的绒球。几维鸟还有一个与众不同的地方——它竟然没有飞鸟用来作方向舵的尾巴。

夜间探险家

几维鸟的生活方式决定了它不同寻常的羽毛类型。它主要在夜间活动，在蕨类植物丛中寻找各种蠕虫、昆虫幼虫、两栖动物，但它也爱吃水果。正因为这样，它需要一身浓密、蓬松、温暖的羽毛，最重要的是，它的羽毛必须看起来非常不显眼。它的"皮毛"是棕色的，可以帮助它与周围环境中的干草或者苔藓完美地融为一体，使它不被捕食者发现！

拥有"皮毛"的鸟类

还有一些有代表性的不会飞行的鸟类，它们的羽毛同样没有羽小支和钩子。

非洲鸵鸟

鹤鸵

鸸鹋（ér miáo）

美洲鸵鸟

13

帝啄木鸟
Campephilus imperialis

世界上最大的啄木鸟只在墨西哥的山脉中飞行，其他地方都找不到它的踪迹。这是啄木鸟中真正的巨人！在你见到它之前，会先听到咚咚的鼓声或者类似喇叭的声音。帝啄木鸟非常稀有，甚至已濒临灭绝。黑白相间的英俊雄性，头上长着红色的羽冠，而美丽的雌性则顶着向前伸的黑色羽冠。基本上，你只能在书上或博物馆里见到它们。

🐦	56 ~ 60厘米
	约78厘米
	约600克
	羽毛坚硬且灵活，利于攀爬

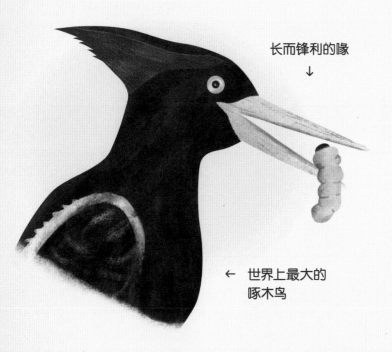

长而锋利的喙
↓

← 世界上最大的啄木鸟

森林医生

　　海拔高处的针叶林是帝啄木鸟的天堂。树皮下藏着肉乎乎的天牛幼虫。当帝啄木鸟用它长长的喙啄击树木时，能看到碎片四处纷飞的情景。嗯，真好吃，太香了！现在去另一个树枝上捕捉更多猎物吧！帝啄木鸟以及它所有的同类，都被冠以"树医生"或者"森林医生"的称号，因为它们会剥掉树皮，消灭可恶的害虫。

热心的建筑工

帝啄木鸟在树上制造了许多洞穴和坑道，可以充当其他动物的家。

鹿角虫

蜜蜂

← 向前弯曲
的羽冠

← 奶油色的喙

← 红色羽冠

↑
白色翼片

攀登者

攀登会使人精疲力尽，但啄木鸟不会这样，它们擅长攀爬，因此非常适宜居住在树冠层。你见过树枝上的啄木鸟依靠它的尾羽，将身体向后倾斜吗？它的尾羽坚固而灵活，在攀爬时可以为它提供必要的支撑。同时，坚硬的羽毛还能减弱喙部敲击树木时传遍全身的震动。

筑巢

它们去寻找松树林，并且在橡树或松树的树洞里筑巢。

优秀的羽毛

帝啄木鸟的家就在树冠中，每到春天，它们就会在高高的枯树树干上筑巢。在那里，父母通常会孕育两窝雏鸟。不过入口这么狭窄，它们是如何通过的呢？这可多亏了那一身坚固且不容易损坏的羽毛。它们的羽毛还非常灵活，无论是筑巢还是在洞穴中照料后代，都能顺利完成。

欧亚侏儒猫头鹰

松鼠

欧洲松貂

油鸱
Steatornis caripensis

↑
尾羽

在南美洲的黑暗洞穴中，生活着一种非常特殊的鸟类——油鸱（chī）。白天，它要么躲在树上，要么藏在光线不能穿透的深深洞穴中。油鸱在黑暗的王国中筑巢，并在夜间飞出去寻找食物。它不喜欢昆虫，只喜欢吃水果，并且能够在飞行中从一棵油棕树上把水果撕下来，是不是很酷呢？它的食物富含油脂，所以体内积累了大量脂肪。

40 ~ 49厘米

约95厘米

255 ~ 485克

喙周围长着带有触觉的羽毛

油鸱的腿部力量弱，因此休息时需要依靠腹部来支撑身体。
↓

回声定位
油鸱在黑暗中用声音来辨别方向。

黑暗中的定位

你是否对油鸥在山洞中飞行而不撞到任何东西感到好奇？在昏暗的环境中，它完美的视力会发挥作用，但如果四周一片漆黑，那么再完美的视力也无济于事。我们都知道蝙蝠有一种特殊的定位方法，叫作"回声定位"。回声定位是怎么回事呢？动物发出的声音在遇到障碍物时会反弹回来，反弹回来的声音又会被这种动物捕捉到，于是它就可以确切地知道哪里有岩石，哪里有食物啦。

← 绝佳的视力

触须 →

触觉羽毛

油鸥会得意地炫耀自己引以为豪的装饰物，那就是长在喙上的长达 5 厘米的触须。专业地讲，它们应该被称为振动器，是由普通羽毛演变而来的。它们有什么用呢？原来，它们充当了触觉器官，类似于猫的胡须，同样也可以用于搜寻食物和在洞穴中进行定位。

能够声波定位的动物

自然界中，不只油鸥和蝙蝠拥有回声定位的能力，狐蝠、马蹄蝠、海豚、逆戟鲸和其他鲸目动物也具有这种能力。

埃及果蝠

小菊头蝠

宽吻海豚

逆戟鲸

仓鸮
Tyto alba

这种长着一张心形脸的美丽猫头鹰是有名的环球旅行者，它几乎在世界上任何地方都可以生存得很好。它有独特的头部形状，浅色的羽毛中夹杂着一抹铁锈色和棕色，这些特征都可以让你轻轻松松地把它认出来。它通常生活在我们人类身边，现在，请你睁大眼睛，竖起耳朵……听到它的声音了吗？你常常会在塔楼、阁楼以及农舍中听到一种响亮的嘶嘶声，这就是仓鸮（cāng xiāo）存在的最好证明。也许，你更熟悉它"猴面鹰"的名号。

32 ~ 40厘米

约108厘米

470 ~ 570克

羽毛非常柔软，即使在飞行时也不会发出声音

分布

除了地球北部的一些区域外，仓鸮在全世界都有分布。

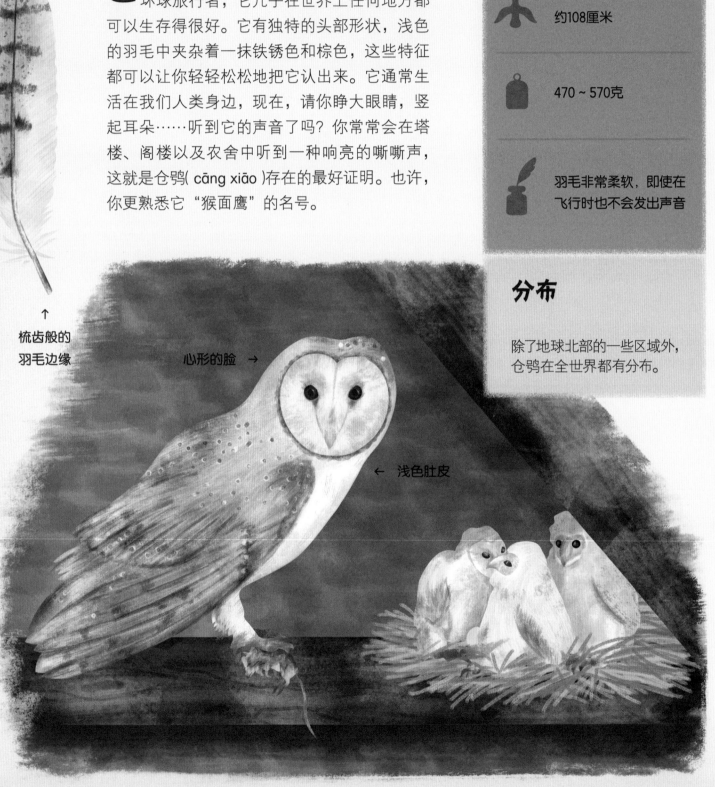

↑
梳齿般的羽毛边缘

心形的脸 →

← 浅色肚皮

向后看，
小仓鸮

　　经过一夜忙碌的觅食，它现在需要休息一下……看！这儿有一只猫头鹰躲藏着。有时，它也会睁开美丽的大眼睛！与其他鸟类的眼睛不同，它的瞳孔是圆形的，并朝向前方，因此仓鸮能看到的空间与人类一样。虽然视野很小，但是仓鸮有办法轻松应对！因为它的头很灵活，可以旋转270度，这样它就能看到背后的情况了。

连老鼠都听不到它的声音

　　仓鸮的食谱里主要是啮齿动物，偶尔也吃小鸟、兔子、青蛙和昆虫。夜晚来临的时候，它就像一只真正的猫头鹰一样捕食猎物。此时，其他动物不得不依靠听觉和嗅觉，而不是视觉来活动。老鼠在夜间必须竖起敏锐的耳朵，因为许多饥饿的捕食者正伸长脖子想要把它当作一顿美餐呢。因此，仓鸮必须完全不出声地飞行，只有这样，才能让敏锐的老鼠也无法逃脱。

带梳齿的羽毛

　　怎么可能连老鼠都听不到一只仓鸮在飞翔呢？好吧，这与仓鸮的羽毛有关。仓鸮的羽毛非常柔软，羽毛底下带有一层细绒毛，类似于柔软而蓬松的羽绒被。此外，它的每根羽毛都有类似梳齿的边缘，飞行时，空气无法在它的表面流动，也就不会发出嗖嗖的声音了。

夜间捕食者

世界各地都有猫头鹰的身影，包括热带地区、北部冻原和沙漠。

眼镜鸮

雪鸮

姬鸮

马来渔鸮

非洲秃鹳
Leptoptilos crumenifer

非洲秃鹳（guàn）是大型非洲鹳中的一种。除了北非和撒哈拉沙漠，整个非洲都有它的踪迹。它既能在干燥地区生活，又能在河流湖泊附近繁衍生息。它喜欢吃鱼、爬行动物和昆虫，或者干脆以腐肉为食。而它们吃腐食的行为对人类来说非常有益，因为这种"清洁"工作可以防止各种疾病的传播。

趣味知识

秃鹳白色的尾羽曾被用作帽子和裙子上的装饰品。

← 可伸缩的头部

无毛的脖子 →
和大喉囊

头上的 →
细绒毛

🐦	115 ~ 152厘米
🦅	225 ~ 290厘米
⚖	4 ~ 9千克
🖋	光秃秃的头和颈

藏起你的脑袋

秃鹳那有力而尖锐的喙可以轻易啄开鳄鱼的蛋，吃掉尚未孵化的鳄鱼宝宝。它常常在午餐时大快朵颐，全身心投入。因为裸露的身体部位比带着羽毛的更容易清洁，所以为了防止在进餐时弄脏羽毛，它的头部和颈部完全不生毛发。但这样会不会容易感冒呢？不用担心，必要时，它会缩回整个头和脖子，将其隐藏在羽毛下面。睡觉时，只有大喙从庞大的身躯中伸出来。

秃鹳和它的食物
↓

← **飞行中的秃鹳**

"嘎嘎"叫的秃鹳

除了秃头，秃鹳还因其红色的大喉囊而备受关注。喉囊巧妙地与左鼻孔连接，可以像气球一样吹起来。雄性秃鹳用它发出嘎嘎的声音，以此来吸引未来小秃鹳的母亲。秃鹳雏鸟在旱季孵化，此时水位较低，秃鹳可以轻松地在浅水中捕捉到青蛙和鱼来喂养后代。小雏鸟不像它们的父母，它们的头顶不是秃的，而是装饰着一层细绒毛。

腐食者

其他动物"清洁工"还有粪金龟、兀鹫、豺狼和鲨鱼。

黑背豺

兀鹫

格陵兰鲨

腐尸甲虫

21

黑头林鵙鹟
Pitohui dichrous

← 不需要制作
毒药的鸟

色彩鲜艳的羽毛 →

22 ~ 23厘米

30 ~ 40厘米

67 ~ 76克

羽毛有毒

毒素

黑头林鵙鹟（jú wēng）
会擦掉它巢穴
和卵上的毒素。

← 黑色尾羽

↑
黑头林鵙鹟喜欢吃
色彩鲜艳的水果

巴布亚新几内亚的雨林中隐藏着一种特殊的鸟类。它和画眉鸟差不多大，但色彩更加鲜艳。橙、黑和棕色的组合告诉我们，它正是黑头林鵙鹟。这是一种非常善于"交际"的鸟，它甚至会与所有亲属一起筑巢，繁忙却又温馨！在遍布潜在敌人和捕食者的雨林中，邻居之间能够相互帮衬，这对于它们保卫巢穴和喂养后代有很大的帮助。当黑头林鵙鹟寻觅它最爱的水果、种子或者昆虫时，其他鸟类常常会加入进来，共同结成一个很大的群体。

分布

黑头林鵙鹟主要生活在巴布亚新几内亚的雨林中。

甲虫爱好者

　　黑头林鵙鹟最喜欢吃软翅花甲虫。然而，这些虫子的体内含有南美蟾毒，这种毒素可以在南美的箭毒蛙身上找到。为什么这种毒素不会伤害到黑头林鵙鹟，反而可以保护它呢？简单来说，黑头林鵙鹟已经形成了对这种毒素的免疫力，毒素会通过食物进入它的皮肤和羽毛。当人类用不加防护的手碰触到这些毒素时，会感到刺痛和麻木。黑头林鵙鹟是少数几种拥有毒性羽毛和毒性皮肤的鸟类之一，不过，它身体内部和肌肉中的毒性要小得多。

黑橙色软翅 →
花甲虫

完美的保护

　　如果你见到黑头林鵙鹟，你可能会想：哇，它的羽毛色彩与黄蜂或蜜蜂的颜色好像啊！没错，这种色彩往往起到一种警示的作用。它们的雏鸟与成年鸟色彩相同。雏鸟本身没有毒性，而是在长大的过程中逐渐形成毒性。根据科学家的研究，雏鸟很早就开始长出成年鸟的羽毛，因为它们需要抵御潜在的捕食者。看起来，毒素就是对雏鸟最完美的保护！

小心提防它们！

拥有毒性羽毛的鸟类包括林鵙鹟和它的亲属——鹛鸫（méi dōng）。距翅雁的肌肉里也含有毒素。

黑尾啸鹟

北方林鵙鹟

蓝顶鹛鸫

距翅雁

23

火烈鸟
Phoenicopterus roseus

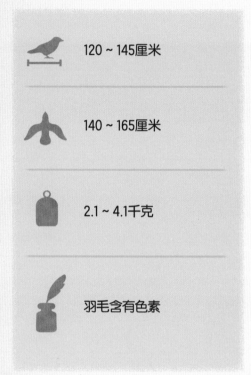

120 ~ 145厘米

140 ~ 165厘米

2.1 ~ 4.1千克

羽毛含有色素

这种粉白相间的鸟非常漂亮，大部分时间单脚站立，表演"金鸡独立"。它们生活在咸化潟（xì）湖*、湖泊及非洲沿海地区。除了粉红色的羽毛，它们那奇形怪状的大喙也值得大家关注。这个喙是装饰性的吗？不，它非常实用！火烈鸟能用喙从浅水中过滤食物，它们将喙水平浸入水中，当水流过时，将水吮吸到大舌头上，并将食物从水中分离出来。喙的作用有点像日常生活中常见的漏勺。火烈鸟是唯一可以把喙倒置在水中过滤食物的鸟。为了养活自己，它们必须每分钟进行大约 20 次这样的操作！这实在是令人惊叹，对不对？

* 潟湖：位于海边咸卤地带的湖泊。

↑
羽毛色彩受
食物的影响

长长的易于 →
弯曲的脖子

聚集在一起筑巢
↓

← 相比它的身体来说，
它有两条大长腿

← 飞快生长的
灰色小雏鸟

食物

火烈鸟的食物主要
由甲壳类动物、软体动物、
藻类、蠕虫和昆虫组成。

粉色的起源

　　粉红色的鸟并不常见，这种着色起源于它平时的饮食——大量藻类、蓝藻细菌和富含类胡萝卜素的甲壳类动物。火烈鸟吸收了这些食物中富含的类胡萝卜素，当这种元素传递到它的皮肤和羽毛时，就会使其呈现出粉红色或鲜红色啦。根据食物的数量和质量不同，每只火烈鸟的色彩饱和度可能会有所不同。小雏鸟在成长中会逐渐褪去少年时的灰色，而粉红色羽毛则开始逐渐显现出来。

小小的脑袋和 →
向下弯曲的喙

刚孵出的小雏鸟
↓

粉色群体

　　火烈鸟常结成很大的群体一起筑巢，这些群体通常由成千上万只火烈鸟构成。它们喜欢一起觅食和旅行，并且互相交谈，甚至会大规模跳起求爱舞蹈。这舞蹈就像是热情的华尔兹舞，更像是一场阅兵式，常规动作就是"蓬起羽毛，向右看齐"！求爱成功后，火烈鸟夫妇会用泥土建造一个巢穴。雌性产蛋一个月后，灰色小雏鸟就破壳而出了。小雏鸟在巢中待5~7天后，就与小伙伴一起去上"幼儿园"！等到65~90天的时候，它就完全独立了。

羽毛中的类胡萝卜素

类胡萝卜素是一种食用色素，是导致许多种类的鸟儿羽毛变为黄、橙、粉红或者红色的原因。

金翼啄木鸟

阿尔塔米拉黄鹂

美洲家朱雀

北美红雀

绿冠蕉鹃
Jauraco persa

铜通过食物 →
进入其身体

一只中等个头、红绿相间的鸟儿正在非洲雨林中飞翔。乍一看，它像一位英俊又敏捷的杂技演员，生活在高高的树枝上，不时发出刺耳的叫声。它的名字叫绿冠蕉鹃。第一眼看上去，你会被它身上深绿色的背羽、紫红相间的飞羽，以及又长又宽的深紫色尾羽所吸引。这种蕉鹃的头部格外显眼，这得益于它眼睛周围鲜红色的皮肤与白色边缘的相互映衬。

约43厘米

约20厘米

225～290克

铜基色素决定了它羽毛的颜色

紫色的长尾巴 →

非洲的动物

非洲还有许多有趣的动物。在这里，你会遇到黑鳄鱼、西部大猩猩、神秘的霍加狓，以及世界上最大的蛙——非洲巨蛙。

非洲细吻鳄

羽毛中含铜

　　绿冠蕉鹃拥有独特的红绿色羽毛，这是由两种含铜的色素决定的。一种色素叫作蕉鹃绿素，它决定了羽毛中的绿色；另一种色素叫作羽紫素，它决定了羽毛中的红色和紫色。那么绿冠蕉鹃羽毛中的铜来自哪里呢？原来是从食物中获得的。它的食物主要是含铜的水果、花朵、叶子和嫩芽。但是，它们并不是在吃完水果之后就立即拥有了漂亮的羽毛。蕉鹃雏鸟在长到一岁时才能获得成年蕉鹃那种彩色的羽毛。有趣的是，所有蕉鹃都生活在非洲地区，那里是世界上最丰富的铜矿床所在地！

← 眼睛周围的亮彩

巢中的雌性 →

黑色的小雏鸟
↓

树上的杂技演员

　　绿冠蕉鹃成双成对地生活，或者生活在小群体里。它们会非常勇敢地捍卫自己的家园，想要进入其领土的其他鸟类都会被严加防范。绿冠蕉鹃会在一个戒备森严的区域找一个高高的树冠，筑起一个杯状的巢穴，并在里面产下 2~3 颗蛋，之后，夫妻双方轮流照看。小雏鸟看起来像是黑色的小母鸡，父母会将食物喷射进它们巨大的喙里来喂养它们。小雏鸟在学会飞翔之前就出巢了，但它们并不急于飞行。因为它们有第三根趾足，趾足会根据需要向前或向后旋转，便于它们熟练地攀爬。难怪它们被称作"树上的杂技演员"！

西部大猩猩

霍加狓

非洲巨蛙

胡兀鹫
Gypaetus barbatus

100 ~ 140厘米

231 ~ 283厘米

4.5 ~ 7.1千克

铁黑色的羽毛

成年彩色 →
胡兀鹫

小心！它们会 →
像叼着一块骨
头一样，叼着
乌龟飞到高处

胡兀鹫雏鸟
↓

多岩石的环境 →

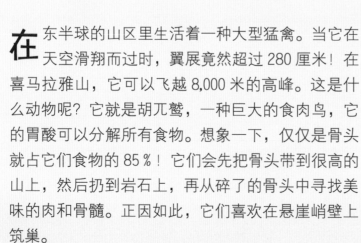

在东半球的山区里生活着一种大型猛禽。当它在天空滑翔而过时，翼展竟然超过 280 厘米！在喜马拉雅山，它可以飞越 8,000 米的高峰。这是什么动物呢？它就是胡兀鹫，一种巨大的食肉鸟，它的胃酸可以分解所有食物。想象一下，仅仅是骨头就占它们食物的 85％！它们会先把骨头带到很高的山上，然后扔到岩石上，再从碎了的骨头中寻找美味的肉和骨髓。正因如此，它们喜欢在悬崖峭壁上筑巢。

绰号

胡兀鹫的绰号是
"骨骼粉碎机"！

生存的机会

在胡兀鹫的巢穴中，有一些不同于其他鸟类的情况，1 只雌鸟往往与 2 只雄鸟生活在一起。如果雌鸟能产下更多的蛋，有时是 2~3 颗，那么孵化的小雏鸟可能有各自的父亲。这对于雌鸟来说非常有益，因为两个父亲都会参与到照料后代的工作中，并且会义不容辞地保护它们的领地。但在所有的小雏鸟中，往往只有 1 只能生存下来，它通常就是最先孵化的那只。

黑胡子 →

← 眼周红色的虹膜
和黑色的条纹

在富含铁质
的水里沐浴
↓

美容羽毛

小兀鹫刚出生时，毛色较浅，但是随着它长大成熟，毛色会加深，成为灰色。成年胡兀鹫的身体是灰色的，身体下面则是浅奶油色、橙色，或者铁锈色。你想知道这是什么原因造成的吗？胡兀鹫的毛色不会随着年龄或食物的改变而改变，它的羽毛色泽是一种"美容"的效果，因为它们经常在富含铁的水中沐浴。而且，由于每只胡兀鹫沐浴的地点以及时间长短不同，因此它们的羽毛颜色也会有所不同。

一妻多夫制

一位雌性与多位雄性共同生活，这种现象称为一妻多夫制。你知道还有哪些动物具有这种生活习性吗？

柠檬鲨

克氏冕狐猴

火焰乌贼

土鳖虫

紫刀翅蜂鸟
Campylopterus hemileucurus

飞行

蜂鸟是唯一一种可以向后飞行的鸟。

可以在空中 → 悬停

长长的喙 用来采集花蜜

结构性色彩 ↓

🐦	13～15厘米
🦅	约8.3厘米
🏋	9.5～11.8克
🖋	羽毛上拥有结构性色彩

中 美洲的热带地区有好几种蜂鸟。这些小型鸟因其色彩艳丽的羽毛而被称为"飞行的宝石"。它们的飞行速度可以达到每秒15米，飞行时还可以悬停在空中，并且是唯一可以向后飞行的鸟。当蜂鸟从你眼前飞过时，你只会看到一些飞行的彩色斑点。如果这块斑点是紫色的，而且更大一些，说明它是一只雄性紫刀翅蜂鸟。这是一只英俊的鸟，羽毛闪闪发光，闪烁着不同层次的紫色、绿色、黑色、蓝色和白色。

分布

紫刀翅蜂鸟分布在中美洲。

动人心魄的美

当阳光照射在蜂鸟身上时，它的色彩会不断地变换。你知道为什么蜂鸟的羽毛看起来是色彩斑斓的吗？这是因为蜂鸟与大多数鸟类不同，它们拥有所谓的结构性色彩。这意味着它们羽毛的颜色不受食物色素的影响，而是受羽毛表面折射的光的影响，并因此产生出一种彩色的金属光泽。你以为是你看到的那只鸟在不停地变换自身的色彩吗？并不是。实际上，这只是阳光照射到它羽毛上的角度在不断变化而已。

← 热带环境

↑
紫蓝色雄性

植物开花时

雨季对蜂鸟来说是一段好时光。这个时候，植物都开花了，到处有香甜的花蜜，这正是这些色彩缤纷的鸟儿们的食物来源。雨季也是蜂鸟开始组建家庭的好时节。6~10只雄性蜂鸟一起唱歌，这是发给雌性蜂鸟的准确信号，表明现在是时候用苔藓和其他小的植物材料来搭建一个舒适的巢穴了。雄性蜂鸟不会照料后代，所以，雌性蜂鸟负责孵蛋、喂养雏鸟，并保护它们。

金属光泽

自然界中，不只是蜂鸟拥有结构性色彩，还有很多鸟类也具有这种特性，比如翠鸟、蜂虎、山鸡等。

白腹锦鸡

普通翠鸟

黄喉蜂虎

火喉蜂鸟

扇尾沙锥
Gallinago gallinago

头部有明亮的色条　→

23～28厘米

39～45厘米

80～130克

能用尾羽发出声音

欧洲和亚洲的水浸草甸、泥炭沼泽和湿地是一种斑点鸟的理想家园。大家首先会注意到它那长长的喙，它正在不断地用喙刺入到浅水池的底部。它就是扇尾沙锥，正站在深至它腹部的水中。它在干什么呢？原来它正在寻找食物，并且时不时发出有节奏的叫声。当它用喙找到有营养的昆虫、蠕虫或甲壳类动物时，会一口吞下它们，而且不需要把它的喙从土壤中拔出来。如果你惊吓到它，它就会停止移动，然后大叫着飞走。它在空中会以"之"字形路线飞行，当危险解除后，它会再次回到泥塘底部觅食。

←　带斑点
的羽毛

这是谁?

有些鸟类也可以用声音系统以外的器官发出声响。然而，
能做到这一点的大多数是昆虫，还有一些鱼类！

丝足鱼

长而直的喙
↓

劳动分工

　　除了捍卫自己的领土，扇尾沙锥的声音在求偶时也很有用。雌性会根据雄性尾羽发出声音的悦耳程度，来选择未来孩子的父亲，并最终与那个尾羽声音和叫声最好，飞行技术最棒的雄性组建家庭。隐藏在地面巢穴中的蛋主要由母亲照顾，通常每窝产 4 颗（偶尔一窝也会产下 3 颗或 5 颗蛋）。然而，在孵化出 4 只小雏鸟后，爸爸也会勤恳地加入照料孩子的工作中。父母会平均分配工作，各自照料 2 只小雏鸟。

会飞的"山羊"

　　在扇尾沙锥的巢穴附近，经常能听到山羊咩咩的叫声。这声音是从哪里来的呢？不是从草地上，而是从天空中传来的！没有开玩笑！是真的！这种奇怪的咩咩叫声并不是山羊发出来的，而是来自扇尾沙锥。当雄鸟在清晨和傍晚检查它的领地时，它首先会盘旋着飞上高高的天空，我们几乎看不到它！然后，它会头朝下俯冲下来。此时，强烈的气流穿过它颤抖的尾羽，就会发出一种咩咩的声音，可以传播几百米远。这正是雄性扇尾沙锥彰显自己领地主权的方式。

求偶行为

雄性扇尾沙锥发出的咩咩声有助于吸引雌性。

蝉

欧洲蝼蛄（lóu gū）

白鹳

家燕
Hirundo rustica

春天来了！第一批返航的燕子宣布了它们的归来。它们飞过牧场，在天空中优雅地盘旋，弯曲着长长的叉形尾巴，尖声叫着："我们回来了！"在一次成功的捕食之后，它们会去一个池塘边喝水。从遥远南方的过冬站点返回之后，它们需要尽快地恢复精力，这样就可以开始组建新的家庭了。

迷人的"燕尾服"

燕尾之所以引人注目，不仅是因为它的长度，还因为每根羽毛末端长着一些白色斑点。你能猜出为什么它们如此重要吗？雌燕正是凭借这些斑点及尾巴的长短，来评判一只雄燕是否适合做父亲。所有雌燕都喜欢那些拥有漂亮斑点的雄性。

分布

除了澳大利亚和一些寒冷区域，家燕在全世界都有分布。

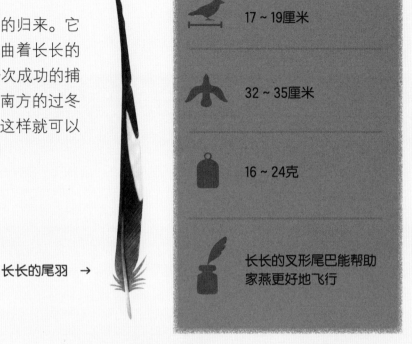

长长的尾羽 →

🐦	17～19厘米
🦅	32～35厘米
	16～24克
🪶	长长的叉形尾巴能帮助家燕更好地飞行

家燕能在飞行中用喙捕捉昆虫

红褐色的前额和喉咙

泥制的杯状巢穴

雏燕

一旦雏燕从白底褐斑的蛋中孵化出来，它们的父母就开始忙起来了。父母飞来飞去忙个不停，只为了满足贪吃的宝宝们。等到雏燕离开巢穴，燕子父母还会再孵化 1~2 窝小鸟。接下来它们有机会好好休息吗？没有机会啦，它们又得准备即将到来的漫长的南飞之旅了。

蓝色的金属光泽
↓

↑
红褐色
的额头
和喉咙

↑
乳白色或
浅粉色的腹部

飞行高手

在飞行中捕食，以及从筑巢地飞到遥远过冬地，这些都会使燕子们精疲力尽。这也难怪，因为欧洲燕子必须飞越辽阔无边的撒哈拉沙漠！幸运的是，它们装备精良。除了又长又尖的翅膀，它们还有长长的叉形尾，这可不仅仅是为了炫耀。长长的翅膀使它们可以长时间飞行，而长长的尾羽则增强了它们在空中的操控技能。正如飞机设计师为飞机设计了最好的形状一样，燕子天生就具有形状绝佳的翅膀和尾巴。

鸟中旅行者

像燕子一样，还有很多鸟类需要长途迁徙。沼泽莺会从欧洲一直飞到南非，猩红丽唐纳雀和黄嘴杜鹃则从加拿大迁徙到南美，北极燕鸥甚至从北极一直飞到南极！

沼泽莺

猩红丽唐纳雀

黄嘴杜鹃

北极燕鸥

大麻鳽
Botaurus stellaris

相比起来，你听到一只大麻鳽（jiān）的机会要比看到它的机会更多，因为这是一种害羞的鸟。如果你在芦苇丛中听到了公牛般的叫声，那毫无疑问就是大麻鳽了。这个声音是它们的嗉囊迅速排出空气而发出的。这像牛一样的声音可以在水面上传播很远的距离，通常可达 4 千米。尽管声音很大，但大麻鳽的外表非常不起眼。凭借出色的伪装能力，即使它站在你面前，你都可能不会注意到它。它们身上的褐色斑点和带条纹的羽毛，都与干芦苇丛很好地融为一体，而它们的巢穴就隐匿其中。当大麻鳽直立起来，伸长脖子，喙部向上时，这种伪装的效果就更棒了。

饿了？

大麻鳽妈妈把提前消化过的食物吐在巢里，以此来喂养雏鸟。不久之后，8 周大的雏鸟就强壮到足以飞行并自己觅食了。大麻鳽喜欢吃什么呢？它们喜欢吃小鱼、各种贝类，还有两栖动物和昆虫。然而，有时它们也会吃一些小型哺乳动物，或者其他鸟的雏鸟。大麻鳽通常在天亮之前以及日落之后，在芦苇荡的浅水区中寻找食物。

64 ~ 81 厘米

100 ~ 135 厘米

870 ~ 2,000 克

羽毛具有伪装色

分布

大麻鳽主要分布在亚洲、东欧和东非。

侏儒海马

马达加斯加巨蜥

秋麒麟蟹蛛

鱼是它的美味
↓

拟态伪装

它们能够与周围环境融为一体。

潮湿的环境 →

↑
完美的伪装

在芦苇丛中

雄性大麻鳽发出的牛叫一般的声音,不仅可以保护领地,还可以吸引雌性。1 只雄性大麻鳽可同时拥有 5 个伴侣。然而,每只雌性都会独自生活在它用干草做成的巢里。它会产下 4~6 颗黄褐色的蛋,并在接下来的 26 天里,独自细心地照料它们。雏鸟孵化后,通常会在巢穴里再待两周时间。

竹节虫

保持低调

伪装能力对于那些想要躲避捕食者的动物来说至关重要。当然,捕食者也同样需要这种能力,使它们有更多的机会捕捉到猎物。

紫翅椋鸟
Sturnus vulgaris

🐦	20～23厘米
🦅	约40厘米
⚖	55～100克
🪶	用蚂蚁清理羽毛

→ 紫翅椋鸟用喙来
摩擦自己的羽毛

→ 羽毛上布满寄生虫

← 蚂蚁在清理
紫翅椋鸟的羽毛

分布

紫翅椋鸟主要分布在欧亚大陆及非洲北部、印度次大陆及中国西南地区。

它是一种知名的鸟，在全世界广泛分布。你通常会在低洼地看到它，尤其是在葡萄园、果园和田野地区。它们对食物不太挑剔，以各种植物的种子、无脊椎动物、小型脊椎动物，以及丰收时节的甜美水果为食。这就是农民不喜欢它的原因。数量达到 1 万只的紫翅椋鸟群会对庄稼造成严重的破坏。不过另一方面，繁殖期的紫翅椋鸟会捕捉很多害虫来喂养它们藏在巢穴中的雏鸟，因此，它们也算补偿了人们的部分损失。

站在蚁丘中的鸟

有时，你会看到椋鸟翅膀张开，一动不动地站在一个蚁丘里；有时，它用喙叼着什么东西来摩擦它的羽毛。如果你仔细观察一下，就会发现它叼着的是愤怒的蚂蚁！人们常把这两种情况称为"蚁浴"。遇到危险时，蚂蚁会从毒腺中分泌出甲酸。这种甲酸可以帮助鸟类清洁羽毛上的油脂和蜡，并清除外部寄生虫。

↓ 成群的椋鸟

↓ 完美的合作

"鸟"多势众

你可能想知道，为什么椋鸟要结成如此庞大的群体。原因很简单——"鸟"多势众。相比个体而言，群体更容易发现危险的捕食者，或者是潜在的食物。整个椋鸟群也表现出出色的团队合作精神：它们会像军事演习方队一样，同时向一个方向飞行或做出其他动作。改变形状时，它们依然能保持队形，这让捕食者根本没有机会下手。一个没有领头者的椋鸟群体是如何做到这一点的呢？它们所要做的就是模仿离它们最近的伙伴的一举一动，而且整个群体始终像一块磁石一样凝聚在一起！

在群体中

不仅鸟类会结成庞大的群体，类似的还有蝗虫群、鱼群、有蹄动物群和蝙蝠群。

飞蝗

沙丁鱼

墨西哥无尾蝙蝠

蓝角马

牛背鹭
Bubulcus ibis

除了冰冷的南极洲外，牛背鹭分布在所有大陆的湿地和草原中。你可以通过牛背鹭的头部轻松地把它认出来，它那橙色的头部与身体其余部分的雪白羽毛形成了鲜明的对比。你能在成群的牛、水牛、犀牛、大象、长颈鹿或者斑马身上找到正在觅食的牛背鹭。它们可以帮助这些动物摆脱大量恼人的昆虫，双方互惠互利，皆大欢喜。除了昆虫之外，雪白的牛背鹭还喜欢吃蚯蚓、蜘蛛、青蛙以及其他小动物。

46～56厘米

88～96厘米

220～512克

长着粉绒羽

分布

除了寒冷地区以外，牛背鹭在全世界都有分布。

头部的橙色羽毛 →

"干洗头粉"

牛背鹭的一些顶羽会转化成粉绒羽。这些羽毛中含有羽根和长边纤维，会逐渐释放出羽绒粉。羽绒粉可使周围的羽毛保持良好的状态，并防止其受潮。这种"干洗头粉"不只存在于牛背鹭身上，鹦鹉也具有这个典型特征。

聚居地

　　牛背鹭与其他涉禽一起在聚居地筑巢。筑巢的行为由雄性牛背鹭发起。所有雄性求婚者坐在树上，摇动树枝，把自己的喙指向天空。在长达三四天的表演仪式中，雌性会为下一个季度选好合适的伴侣。之后，准父母要么重建一个新的巢穴，要么重修旧的巢穴。如果它们决定从零开始，那么雄性负责收集材料，雌性则负责搭建巢穴。然后雌性通常会产下 3~4 颗蛋，并与雄性一起孵化它们，时间长达 23 天。雏鸟孵化出两周后，开始在巢穴里四处爬动；一个月后，它们就学会了飞行；再过两周，它们就完全独立了。

牛背鹭群体 →
生活在树上

蛋

在涉禽*群体中，不同的鸟类会搭建不同的巢穴，并产下不同的蛋。牛背鹭的蛋是蓝白色的，苍鹭的蛋是绿色的，鸬鹚的蛋是灰白色的。

*涉禽：适应在水边生活的鸟类。

牛背鹭的蛋

苍鹭的蛋

鸬鹚的蛋

蓝孔雀
Pavo cristatus

装饰性的羽冠 →

🐦	0.86 ~ 2.12米
🦅	1.4 ~ 1.6米
⚖️	2.7 ~ 6千克
🖋️	羽毛张开后呈扇形

← 孔雀有一定的
高飞能力，但
并不善飞行

蓝孔雀是世界上最著名的鸟类之一。但是，你只能在印度和斯里兰卡的野外找到它。它们的自然栖息地主要集中在森林和灌木丛中。蓝孔雀以种子、植物以及各种无脊椎动物为食，偶尔会啄食青蛙或蛇。雄性和雌性都有一个羽冠，并长着一些长长的裙裾状羽毛，这些外貌特征赋予它们王室风范。它们结成小群体生活，非常引人注目，并且喜欢大声叫唤，以此来显示它们的威严。

← 长长的尾羽

绿孔雀

印度白孔雀

200 只 "眼睛"

　　尽管看起来很像，但这身长长的裙裾并不是由尾羽形成的。实际上，它是由近 200 根细长的尾上覆羽构成的。这些羽毛可以竖立起来，形成一个尾屏，露出色彩明亮的眼状斑。雄性尾屏上的眼状斑越多，就越能吸引雌性。雄性会在仪式性的舞蹈中骄傲地展示自己的尾屏，任何雌性都无法抗拒！

分布

　　蓝孔雀主要生活在印度和斯里兰卡。

尘浴

　　蓝孔雀总是很口渴，所以它通常会待在水源附近。但它不会涉水！如果它不小心弄湿了自己，它的羽毛就会变得很重，必须立即找个安全的地方藏起来，直到羽毛变干才出来。如果在那种情况下遇到一位捕食者，沉重的羽毛会妨碍它们飞奔！这正是蓝孔雀喜欢尘浴而不是水浴的原因。尘土能起到"干洗"的作用，可以完美地清洁羽毛，然后它们只需要分泌油脂来润滑，这样，自己的卫生清洁工作就完成了。

↑
漂亮的尾屏能提高
求偶的成功率

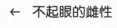

← 不起眼的雌性

刚果孔雀

蓝孔雀、绿孔雀和白孔雀

全世界共有三种孔雀，其中印度孔雀就是著名的蓝孔雀，而白孔雀则是蓝孔雀人工繁殖而产生的变异品种，此外还有绿孔雀和刚果孔雀这两个种类。

凤尾绿咬鹃
Pharomachrus mocinno

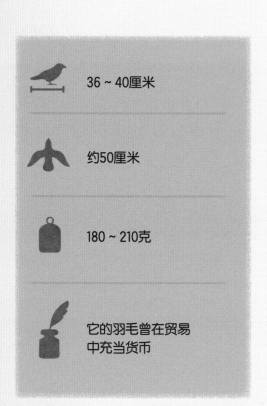

- 36 ~ 40厘米
- 约50厘米
- 180 ~ 210克
- 它的羽毛曾在贸易中充当货币

雄性体形 →
更大,尾
羽更长

← 红色的胸脯

不起眼的雌性

历史上的
货币

在 哥斯达黎加的高山森林中,
有时你会看到两根长长的绿
色尾羽从一个树洞里伸出来。如
果你静静地等待,也许会发现它
们的主人——一只华美的凤尾绿
咬鹃。它必须先从树洞里退出来,
向后跳,然后才能起飞,这样才不
会损坏它美丽的长尾巴。当它要坐
在树枝上时,它也不得不执行类似
的操作。这些"长尾巴"实际上不
是尾羽,而是细长的尾覆羽。相比
起来,雌性的尾巴较短,身体底部
的红色更少。

分布

凤尾绿咬鹃生活在美洲丛林,
是危地马拉的国鸟。

它们只能飞 →
很短的距离

树上的生活

　　绿咬鹃主要以水果为食，但也不会拒绝昆虫、小青蛙以及爬行动物。它对许多果树种子的传播非常有帮助，比如鳄梨等。它的脚非常适合在树上移动：它的第一、第二个脚趾向后指，第三、第四个脚趾则向前指，而向后指的脚趾是固定不动的。此外，它的腿通常较短且相当脆弱。因此，绿咬鹃很难在地面或较粗的树枝上行走，也不能飞较长的距离。它短而强壮的翅膀更适合在树枝间飞行。

风神

　　美艳的绿咬鹃曾经被美洲印第安人敬为风神，并被认为是财富的象征。玛雅人和阿兹特克人认为它的绿色羽毛是植物生长的象征，并且因绿咬鹃无法养殖，它也被视为自由的象征。绿咬鹃的羽毛曾经被当作货币，具有与黄金相同的价值！它们还被用来制作阿兹特克人的礼仪头带，只有统治者和牧师才能佩戴。绿咬鹃在过去不仅受到崇拜，而且受到严格保护。迄今为止，它仍然是危地马拉的国鸟，它的形象出现在该国的国旗和国徽上。

神圣的动物

不同的国家有各自崇拜和敬畏的动物。埃及人崇拜圣甲虫；北美印第安人敬畏金雕；在中国文化中，人们会崇敬丹顶鹤；在某些日本文化中，人们会崇敬熊。

丹顶鹤

圣甲虫

棕熊

金雕

45

大眼斑雉
Arguaianua arguo

雉鸡科中的好几种鸟类，它们的雄性都以图案抢眼、色彩艳丽的羽毛来吸引雌性。有名的大眼斑雉，甚至可以像孔雀那样张开羽毛开屏。的确，它有炫耀的资本。它的飞羽有80厘米长，而尾羽长达143厘米，更是相当引人注目！它的次级飞羽上装饰着大量彩色的眼状斑，这正是它在希腊神话里被称为"百眼巨人"的原因。

雌性72～76厘米
雄性160～200厘米

约72厘米

1.36～2.72千克

长着长长的尾羽和次级飞羽

独一无二的美

在求偶季，雄性大眼斑雉会通过大声鸣叫来显示它的骄傲。首先，它会在森林中清理出一块空地，作为跳舞的场地。然后，它开始为雌性表演，以此来吸引对方。在跳舞时，它会举起长长的尾羽，像孔雀开屏一样，把翅膀打开，用羽毛上迷人的眼状斑来吸引雌性。它还试图用响亮且能形成回响的叫声来赢得爱人的芳心。

分布

大眼斑雉主要分布在马来西亚和印度尼西亚，栖息在热带雨林中。

不太引人注意
的雌性
↓

引人注目的雄性
↓

平等交换

次级飞羽对于飞行来说至关重要。但如果它们太长，就会使鸟无法飞行。因此，虽然雄性大眼斑雉非常迷人，却无法展示它们空中飞行的技能。这正是大自然中的"平等交换"法则。

雄性用它引以为豪的翅膀和歌声来吸引雌性
↓

忙碌的妈妈

与其他雉科鸟类不同，雌性大眼斑雉只在森林地面上浅浅的巢穴里产下两颗蛋。它独自孵蛋，并照顾孵化后的雏鸟，保护它们免受掠食者侵害，还要教会它们所有的生存技能。可以看出，它是一个非常勤劳的妈妈。在成功养育一窝幼鸟之后，它这一年还会再产两窝蛋。

羽饰华美的雄性

除了斑雉，很多其他动物的雄性也进化出一些惊人的装饰。这使得雄性动物对雌性极具吸引力，但往往也需要付出各种各样的代价。高度发展的装饰很容易被捕食者发现，而且会使它们移动起来更加困难。

丝鳍彩虹鱼（燕子美人鱼）

独角鲸

独角仙

驼鹿

戴胜

Upupa epops

装饰性的羽冠 →

雄性在喂食 →
期间会竖起
它的羽冠

戴胜

人们是根据它们的叫
声来为它们命名的。

↑
婚约中的雄性和
雌性相互喂食

↑
雌雄看起来一样

在中欧的阔叶林中，你会发现一种黑、白、棕三色相间的美丽鸟儿，它有长长的喙和引人注目的羽冠。这就是有名的戴胜。你还可以在草原上看到它，它通常会在土里或者牲畜的粪便里寻觅食物。在搜寻肥胖的蚯蚓、蜘蛛、甲虫，还有其他小型动物的时候，这种鸟会以各种方式举起并张开它的羽冠。戴胜一年中的大部分时间都待在地中海以及撒哈拉以南的非洲地区，并在 4 月份离开那里。等到它把自己的雏鸟抚育长大，8 月份就会返回它过冬的聚居地了。

	19 ~ 32厘米
	44 ~ 48厘米
	46 ~ 89克
	头上长着羽冠

在洞穴和地下

戴胜每年都会寻找新的巢穴。它会在树洞、树桩、柴堆、地下洞穴或者鸟笼中筑巢，真正做到了随遇而安。雌鸟只要在巢里铺上一层干草和树叶，就可以在里面产蛋了。大部分时候它都是独自孵蛋，雄性则在附近巡逻。

分布

戴胜分布在欧洲、亚洲和非洲。

← 羽冠有助于吓退敌人

有领地行为 →

迷人的雄性

当雄性戴胜到达筑巢区时，它会大叫一声，宣告自己的到来。它想让所有人，尤其是那些单身女士们知道——本屋主在此！雄性戴胜常常有领地意识，并会为争夺家园而与其他鸟斗争。它会定期给中意的雌性喂食，以此来赢得对方的芳心。要知道，这可是它未来的伴侣，它当然乐意为它奉献美食。而且雄性戴胜为自己漂亮的羽冠感到十分骄傲，它会在求偶时举起羽冠。同样，当它面临危险时，也会用羽冠来吓退敌人。当然，羽冠也是它最华丽的装饰。

防护性分泌物

戴胜的蛋具有十分独特的中空结构，这种结构有什么作用呢？雌性戴胜的尾脂腺中含有一种分泌物，它把这种分泌物摩擦在蛋上，这样就可以保护它们免受细菌侵害。当年幼的戴胜长大一些时，它们就学会了这种不同寻常的防御方式。如果你威胁到它们，它们就会向你喷射粪便和同样臭烘烘的尾脂腺分泌物。

卵中的雏鸟

刚孵出的雏鸟

长出羽毛的雏鸟

红羽极乐鸟
Paradisaea raggiana

不夸张地说，巴布亚新几内亚的热带雨林真是鸟类的天堂。五颜六色、大小不一的各种鸟儿生活在这里。有一种鸟，因其独特的外观和显眼的行为而备受关注，那就是极乐鸟。极乐鸟家族中数量最多的一种，就是红羽极乐鸟。

国家珍宝

这种鸟被画在巴布亚新几内亚的国旗上。

33～34厘米

48～63厘米

130～300克

在仪式化的舞蹈中展示自己的羽毛

↑
雄性展示它的扇形羽翼

↑
褐色的雌性

求爱的舞蹈

求婚者首先聚集在有高大树木的地方，并各自选择一根合适的树枝。这些树枝要能够遮挡住其他雄性，成为自己最好的舞台。然后，求婚者的表演就开始了：它会张开羽毛，抖动它们，并伴随着大声的鸣叫。它为什么要做这些呢？原来它是想向未来的另一半显示，自己是孩子父亲的最佳人选。然而，在交配后，负责筑巢、孵蛋、照料幼鸟的，只有雌性。

分布

红羽极乐鸟主要生活在巴布亚新几内亚，并且是该国的国鸟。

红羽极乐鸟吃水果 →
和易消化的种子

播种小能手

　　红羽极乐鸟喜欢以小型无脊椎动物为食，但它更喜欢吃各种水果。每吃完一处，就会飞到更远的地方，去寻找更多的美食。之后，它会把吃到肚子里的果实的种子随机排泄到各处，这为森林中植物的传播提供了很大的帮助。

长长的黑色 →
尾线

美丽的羽毛

　　雌性红羽极乐鸟长得很不起眼，但雄性却拥有令它骄傲的棕红色羽毛、乌黑的脖颈、绿色的喉咙和明黄色的头部。雄性主要用一对长长的黑色尾线和一条极长的尾巴来吸引雌性。也许它最引人注目的装饰是身体两侧那些细长的侧羽，它们由橙到红，形成一道色彩明丽的纱罩。

← 尾羽

极乐鸟

极乐鸟都长得很漂亮，共包括40多个品种。

蓝极乐鸟

王风鸟

威氏丽色风鸟

幡羽极乐鸟

51

燕雀
Fringilla montifringilla

雄性的婚礼套装
↓

13.5～16厘米

约26厘米

17～30克

平时的羽毛和交配后的
羽毛颜色不同

双腿适应
于攀爬

← 尾羽

夏天，北方的桦树和柳树林中有丰富的食物。种类繁多的种子、浆果和昆虫能引来各种各样的鸟类。其中之一就是燕雀。它能迅速地爬上乔木和灌木，有时也会飞下来，用它的喙在地面上搜索，寻找可吃的东西。雄性燕雀最能吸引你的目光，即便它的羽毛是比较暗沉的灰、白、橘和棕色的混合色调。不过，它的头部、颈部和背部是黑色的，看起来就像一位穿着婚服的新郎。

变化

在交配后，燕雀的羽毛
会改变颜色。

分布

燕雀分布在北欧和亚洲。

冬天的 "外套"

　　繁殖期之后，雄性燕雀会脱毛，换上一身不太显眼的衣服，变得与雌性更加相似。它的头部和背部不再全是黑色，而是呈现出带有黑点的橙色。那时，北方的冬季来临，燕雀知道很快就会下雪了。此时正是穿着这身冬季外套去南方度假的好时节。冬天，燕雀变成了一位流浪者，它在乡野漫游，寻找它最爱的食物——山毛榉坚果。如果积雪很多，那么燕雀还得继续往南飞，因为它无法找到埋在厚厚积雪下面的食物。它会飞往保护区，以防止热量和能量的损失。它在背风处的针叶树中休息和睡觉。在这些地区，你有时一次就能遇到 2,000 万只鸟，真是令人大开眼界！

寻觅食物

冬天的 "外套"

当春天到来

　　如果燕雀能安然地度过冬季，它们就会在春天换上 "结婚礼服"。它们先是结成小团体寻找伴侣，然后与伴侣一起选择一处合适的筑巢地。夫妻双方都会拼命地保护它们的巢穴。雌性燕雀负责看守它们的巢穴及附近的安全，而雄性的任务更复杂，它得保卫整个筑巢地。燕雀会时刻保持警惕，与各种捕食者，以及试图把卵产在它们巢里的杜鹃鸟作斗争。

北欧的昆虫

森林中有种类丰富的昆虫，有些昆虫会对森林造成破坏。这些昆虫不只是鸟类，也是很多其他动物很好的食物来源。

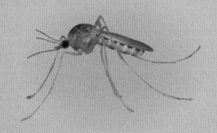

蚊子

松黑木吉丁虫

秋蛾

天牛

蓝喉歌鸲
Cyanecula svecica

13 ~ 15厘米

20 ~ 24厘米

12 ~ 25克

羽毛颜色具有显著
的性别二态性

烟灰色的
尾翅鞘
↓

↑
天蓝色
的胸部

↑
尾羽

雌雄大不相同

蓝喉歌鸲雌雄两性之间有视
觉上的明显差异，例如体形、
羽毛颜色等。

在欧洲和亚洲的芦苇丛和湿地中，你也许会听到一种鸟的叫声，它会使你想到许多不同的鸟。这位"模仿大师"正是雄性蓝喉歌鸲（qú）。尽管它是个英俊的家伙，但它不喜欢表现自己。不过，当它飞向天空时，你也许能一睹它的英姿。它飞得越高，叫声就传播得越远，也就能吸引越多的雌性。

蓝色是最美的色彩

有几种蓝喉歌鸲亚种，羽毛颜色略有不同。但是所有雄性都色彩鲜艳，它们的眼睛上方有一条白色条纹，尾巴是烟灰色的，蓝色的胸脯上还镶有黑色和烟灰色的边缘。区别是，它们喉咙上的斑点颜色各不相同。比如，其中一个亚种是红色的，另一个是白色的。雌性的色彩并不引人注意，只有棕色和黑色两种色彩。

性别二态性

性别二态性是指同一物种不同性别之间的差别。生物学家在所有的动物类别中都发现了性别二态性的现象，比如雄性倾向于具备更加引人注目的色彩和更大的形体，有些还长有装饰性的冠状物；相反，雌性的色彩和装饰往往就比较不起眼了。

不要引人注目

为什么某些物种的雌性与雄性会在颜色上迥然不同呢？雄性用鲜艳的色彩向雌性和竞争者彰显着，自己正处于权力的顶峰，有能力保卫辽阔的领地，组建一个家庭；而雌性则不愿引起人们的注意，它们身披朴素的棕色服装，与周围的环境巧妙地融为一体，以便更好地保护下层丛林中巢穴里的蛋和雏鸟。

分布

蓝喉歌鸲主要分布在欧洲、亚洲以及北美的部分区域。

雄性用它的歌声向雌性求爱
↓

草和苔藓搭成 →
的巢穴

家庭生活

如果雄性蓝喉歌鸲不想用它的歌声来赢得爱人的芳心，那么它会展示自己漂亮的蓝色前胸，哪个雌性能够抵挡这种诱惑呢？在求爱结束后，雌性会在密不透风的草丛中筑巢，并在里面产下 5~7 颗蛋。父亲只是偶尔才会照料一下蛋宝宝。

环颈蜥

白犀

北方冠欧螈

折衷鹦鹉
Eclectus roratus

↑
雌性长着
红橙色的羽毛

折衷鹦鹉生活在巴布亚新几内亚的森林、热带稀树草原和红树林中。它们的雄性是绿色的，雌性则是红色的。绿色的羽毛使雄性与环境融为一体，几乎无法被人认出来。折衷鹦鹉一天中的大部分时间都在半径 20 千米的范围内觅食。雌性大多留在巢穴中，努力地保护巢穴，免得被其他雌性占领。由于雌性折衷鹦鹉鲜艳的红色，雄性很容易就能在巢穴口发现并立即注意到它，其他雌性也就知道这个洞穴已经被占领了。当雌性需要躲藏时，它会移到洞穴更深处，这样就几乎看不到它了。

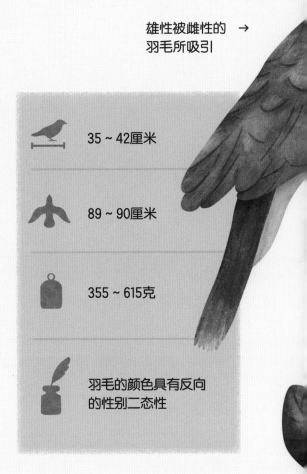

雄性被雌性的 →
羽毛所吸引

🐦	35 ~ 42 厘米
🕊	89 ~ 90 厘米
⚖	355 ~ 615 克
🖋	羽毛的颜色具有反向的性别二态性

在树洞中筑巢 →

如何吸引异性

↑
雄性身上覆盖着
蓝绿色的羽毛

　　雄性折衷鹦鹉并不是靠外表或野外舞蹈来吸引雌性的，而是用美味的食物来赢得爱情。一位雌性最多可以收到 5 位求婚者奉上的美食。它会享受所有的关爱，作为回报，也会与这些雄性交配。每位雄性也会向不同的雌性奉献自己的"厨艺"，给它们带去美味的水果，如无花果、木瓜、杧果或石榴。折衷鹦鹉的肠道很长，能够消化高纤维的食物。

引人注目的雌性

折衷鹦鹉是一种具有反向性别二态性的典型例子。这意味着雌性的色彩更加艳丽，更醒目，并且体形比雄性更大。还有哪些动物具有这种特征呢？

人类的朋友

除了繁殖期的雌性，折衷鹦鹉通常非常安静。它们也非常聪明，善于学习，甚至会模仿各种声音，这使它们成为一种很受欢迎的宠物。它们还很长寿，如果你决定与一只折衷鹦鹉成为朋友，你们可以相互陪伴 75 年呢。

← 雌性保护巢穴

螳螂

红颈瓣蹼鹬（yù）

大蟾蜍

眼镜鸮
Pulsatrix perspicillata

眼镜鸮（xiāo）生活在中美洲和南美洲的森林中。它会在古老的树洞中筑巢，坐在树枝上监视猎物。它通常在夜间活动，但有时你也可以在白天看到它捕猎的身影。它偶尔会捕捉小型哺乳动物或昆虫，同样也会捕捉螃蟹、青蛙和鸟类，包括幼小的猫头鹰。眼镜鸮是一种非常可怕的食肉动物。一旦在监视岗上发现猎物，它就会俯冲下来，抓住它，然后把新鲜捕获的午餐带回它最喜欢的树枝上去享用。

43 ~ 52厘米

76 ~ 91厘米

0.5 ~ 1.25千克

雏鸟身上覆盖着粉绒羽

捕食者

开阔的视野使得眼镜鸮成为成功的肉食动物。

成年眼镜鸮 →
正在监视着
猎物

雏鸟
↓

特殊的粉绒羽 →

分布

眼镜鸮生活在中美洲和南美洲。

雨中诞生

　　眼镜鸮在旱季和雨季交替的时节繁殖后代。这个时机很完美！雌性会产下 1~2 颗蛋，并在 36 天后孵化出雏鸟。通常，它们中只有 1 只能存活，因而会得到父母充分的关注。父母主要教授雏鸟捕食的技巧。雨季为整个家庭提供了大量训练和捕食的机会，它们会在一起生活一年，直到雏鸟完全独立为止。

↑
**它会捕食小型
哺乳动物**

毛绒球

　　眼镜鸮雏鸟像所有的猫头鹰一样，刚孵化出来时既看不见也听不着。它们的身体上覆盖着一层灰白色的粉绒羽。它们刚孵化时就是这样。1~2 周之后，它们生长出第二层羽绒，这让它们看起来像一个个小绒球。这层羽毛称为中羽。它与正羽不同，因为上面的倒钩不是从羽茎上长出来的，而是直接从羽基部分长出来。

双层羽绒外套

不只是所有种类的猫头鹰有双层羽绒的典型特征，潜鸟和雁形目也具有这种特征。

潜鸟

北方猫头鹰

角叫鸭

夏威夷雁

朱雀
Carpodacus erythrinus

13 ~ 15厘米

24 ~ 27厘米

19 ~ 33克

羽毛会随着年龄的增长而改变色彩

← 朱红色的羽冠

↑ 年幼的雄性

变色羽毛

朱雀随着年龄增长，羽毛色彩会发生改变。

在欧洲和亚洲的山里及山脚下，你可能会遇到朱雀。这种鸟的体形与麻雀相似，有一个巨大的喙。它主要以种子为食，也喜欢吃嫩芽、树叶、浆果、花朵和昆虫。它通常将小动物喂给巢中的雏鸟，不过它只敢捕捉那些不爱动的昆虫和蜘蛛。像其他种子爱好者一样，它有一个圆锥形的喙，很难捕杀昆虫，但适合嗑开种子。

孔雀鱼

大凤冠雉

鹿

彩色的雄性

年轻的雄性朱雀长到第二年就成熟了，此时它们的羽毛颜色与雌性相同，都是棕灰色的。但随着年龄增长，雄性朱雀头部和胸部的羽毛会变得越来越红。只要看到朱红色的朱雀，你就可以确定它已经成年了。

← 变色之前的尾羽

分布

朱雀生活在欧洲、亚洲和北非。

适合嗑开 →
种子的喙

亚洲流浪者

朱雀会结成小的群体，生活在水体和溪流附近，这个群体通常由 10~15 对成员组成。它们待在绿树成荫的灌木丛中，或杂草丛生的花园里。在 19 世纪和 20 世纪时，朱雀从亚洲传播到整个欧洲。因为它们在南亚过冬，所以南亚仍被认为是它们的天然栖息地。春季，当它们从过冬的地点返回时，雄性朱雀之间的气氛开始变得非常紧张，因为它们热切地等待着几天后雌性的归巢，以便开始繁殖。雌性朱雀只在地面附近或高大的植物中筑巢。它用各种树枝、茎、草、花、苔藓、地衣，有时还使用动物的毛发作为建筑材料。它会产下 4~6 颗天蓝色且带有暗斑的蛋。雌性独自孵蛋，在雏鸟孵化后，雄性也会参与抚养子女的工作。

↑
雌性在地上的巢穴里

安乐蜥

年龄的影响

有些动物会随着年龄的增长而发生改变，而改变的不仅仅是它们的皮肤色彩。比如，安乐蜥会长出更大的垂皮，孔雀鱼的尾巴会随着年龄变大，而大凤冠雉喙上的蜡膜会长得更大，还有，鹿的角也会变得更大。

灰雁
Anser anser

没有羽毛

在冬季来临之前，灰雁
会蜕掉它们的羽毛。

灰雁生活在
水源附近
↓

← 父母在一旁看护

← 雏鸟在岸
边很安全

76 ~ 89厘米

147 ~ 180厘米

2.07 ~ 4.56千克

非常实用的羽毛

灰雁倾向于终生婚配。但是，它们可以在冬天离婚，然后在春天重新婚配。它们聚集在欧洲和亚洲水域附近的营巢地，通过仪式性的舞蹈和大声的咯咯叫声来表达与伴侣相遇的快乐。水中和岸边都有灰雁的巢穴，但是你得仔细观察才能发现它们，因为它们隐藏得非常好。它们的卵和雏鸟在那里非常安全。雌性独自孵卵，雄性则在周围巡逻，而且绝不会走得太远。不到一个月，6只长着嫩黄色羽毛的小雏鸟开始在巢穴附近游泳。因为它们天生就会游泳，所以通常在水面上觅食。雏鸟只和父母一起生活8周左右便开始独立生活，但在下一个春天到来之前，它们不会完全脱离父母。

灰雁和人类

灰雁在公历纪元之前就被家养了许多年。在古代，人类饲养它们的目的是吃肉、看家或者作为观赏鸟（例如埃及雁）。然而，它们最有用的部分是羽毛。它们的羽毛可以用来制作毛笔、箭矢或是画笔，还曾被用来填充衣服、被褥以及睡袋等。

灰雁在温暖的
栖息地过冬
↓

灰雁换羽

在前往冬季营地之前，灰雁通常都会待在水源地和牧场附近。在离开之前，它们会换上一身新的羽毛，以便为南飞之旅做好准备。在换羽期间，灰雁不能飞行，因为它们会立刻失去所有的翼羽和尾羽。于是，它们躲在芦苇丛中，一边觅食，一边静待出发的时机。迁徙时节到了，灰雁会整齐地排列成"一"字形，或者是"人"字形，然后大声鸣叫着出发。

飞行中的灰雁形成一个
"人"字形的编队
↓

驯养动物

人类驯养过很多动物。有些是为了使用和获利，还有一些动物则成为人类的伙伴。

家犬

驴子

家鸽

蚕蛾

图书在版编目（CIP）数据

动物的羽毛 ／（捷克）玛丽·科塔索娃·亚当科娃著；
（斯洛伐）马捷·伊尔奇克绘 ；叶少红译. -- 北京：海
豚出版社, 2021.6（2023.5重印）
ISBN 978-7-5110-5513-2

Ⅰ. ①动… Ⅱ. ①玛… ②马… ③叶… Ⅲ. ①动物 –
儿童读物 Ⅳ. ①Q95-49

中国版本图书馆CIP数据核字（2021）第050168号

ALL ABOUT THE FEATHER
© Designed by B4U Publishing,
member of Albatros Media Group, 2019
Author: Marie Kotasová Adámková
Illustrator: Matěj Ilčík
www.albatrosmedia.eu
All rights reserved.

著作权合同登记号：图字01-2021-0081

动物的羽毛

[捷克] 玛丽·科塔索娃·亚当科娃 / 著　　[斯洛伐克] 马捷·伊尔奇克 / 绘
叶少红 / 译

出 版 人	王 磊	邮　箱	dywh@xdf.cn
责任编辑	梅秋慧　张 镛	印　刷	北京华联印刷有限公司
特约编辑	田 颖	经　销	新华书店及网络书店
封面设计	郑宇欣	开　本	889mm×1194mm　1/16
责任印制	于浩杰　蔡 丽	印　张	4.5
法律顾问	中咨律师事务所　殷斌律师	字　数	123千字
出　版	海豚出版社	印　数	6000
地　址	北京市西城区百万庄大街24号	版　次	2021年6月第1版　2023年5月第2次印刷
邮　编	100037	标准书号	ISBN 978-7-5110-5513-2
电　话	010-68325006（销售）	定　价	68.00元
	010-68996147（总编室）